女人到底在想什么？

What is she thinking?

What is she thinking?

使用指南

· 拿起这本书，默想你们急需解决的问题

· 翻开那一页，对比女人说的话，读完潜台词

例如，女人说了“呵呵”，真正含义并不是微笑，而是“滚你妈逼”

例如，朋友圈有人发了“好无聊”，她并不是真无聊，只是晒一下自拍

· 一起仔细思考，女人为什么会说这样的话

· 遵从女人的内心，采取相应对策

· 认真读完这本书，你将是情场大师

*注释：内心 OS= 内心独白 (overlapping sound)

目录

Contents

女神要不要

女　人　到　底　在　想　什　么？

教你读懂女人的口不对心
要还是不要，行还是不行
他不懂，教到他懂
她不要，是不想要，还是现在不想要？
请配合时机和了解阅读

What is she thinking?

要

内心 OS

不要

What is she thinking?

不要

内心 OS

要

What is she thinking?

不要吧

内心 OS

可要可不要

What is she thinking?

不要啦

内心 OS

可以要

What is she thinking?

不行

内心 OS

行

What is she thinking?

行

内心 OS

不行

What is she thinking?

随便

内心 OS

你敢随便试试

What is she thinking?

么么哒

内心 OS

撒娇助词

What is she thinking?

呵呵

内心 OS

我竟无言以对

What is she thinking?

呵呵哒

内心 OS

有句脏话不知当不当讲

What is she thinking?

在吗

内心 OS

我有事找你
快出来伺候

What is she thinking?

好喜欢噢

内心 OS

买给我谢谢

What is she thinking?

要爱的抱抱

内心 OS

撒娇助词

What is she thinking?

我胖了吗

内心 OS

你敢说胖了我就手撕了你

What is she thinking?

我穿这件好看
还是那件好看

内心 OS

说哪件都好看
然后都买给我

What is she thinking?

你喜欢我什么

内心 OS

快夸我

What is she thinking?

你真的喜欢我吗

内心 OS

说喜欢

What is she thinking?

好气哦

内心 OS

撒娇助词

What is she thinking?

你算什么男朋友

内心 OS

你摊上大事了

What is she thinking?

你前任好看吗

内心 OS

呵呵，你敢说好看试试

What is she thinking?

人家想要嘛

内心 OS

还不快去买

What is she thinking?

你干嘛呢

内心 OS

为什么不找我

What is she thinking?

嗯

内心 OS

好

What is she thinking?

嗯嗯嗯

内心 OS

好好好
特别好

What is she thinking?

一个人在家好怕呢

内心 OS

快来找我

What is she thinking?

好想有一个男朋友

内心 OS

你能不能主动点

What is she thinking?

最近是不是很忙啊

内心 OS

你最近对我很冷漠

What is she thinking?

我觉得咱们俩不太合适

内心 OS

我不喜欢你

What is she thinking?

笨蛋

内心 OS

你是个蠢萌的人

What is she thinking?

大笨蛋

内心 OS

你可能真的有点蠢

What is she thinking?

这个是谁呀

内心 OS

你的好友里
为什么会有别的女人
还不赶紧删了

What is she thinking?

哎呀讨厌

内心 OS

撒娇助词

What is she thinking?

你怎么会没有女朋友呢

内心 OS

那么巧我也单身
还不快点行动

What is she thinking?

你喜欢什么类型的女孩子

内心 OS

赶紧说是我这种的
否则你就是在搞事

What is she thinking?

我好喜欢小动物

内心 OS

发自内心

What is she thinking?

放心吧
我没有误会

内心 OS

呵呵
看我不弄死那个小婊砸

What is she thinking?

亲爱的，不要抽那么多烟
对身体不好

内心 OS

害得老娘天天在你旁边
吸二手烟

What is she thinking?

你吃了吗

内心 OS

我就问问

What is she thinking?

你在哪啊

内心 OS

我好无聊

What is she thinking?

你一会去干嘛呢

内心 OS

要不要一起?

What is she thinking?

别浪费钱呀

内心 OS

好喜欢

What is she thinking?

我没事啊

内心 OS

我说没事就没事
你长不长脑子

What is she thinking?

我病了

内心 OS

还不赶紧端茶倒水伺候着
愣在那里等死吗

What is she thinking?

我去洗澡

内心 OS

你个丑八怪不想跟你聊天了

What is she thinking?

我去吃饭

内心 OS

聊不下去了

What is she thinking?

我没干嘛

内心 OS

别跟我聊天了
你个丑八怪

What is she thinking?

刚刚那个男人
掏钱包的时候好帅

内心 OS

你能不能学着点

What is she thinking?

这个男人肌肉好健壮
一定经常做运动

内心 OS

你能不能学着点

What is she thinking?

啊
那个男人发型好棒

内心 OS

你能不能学着点

What is she thinking?

不想说

内心 OS

哄我

What is she thinking?

不想去

内心 OS

求我

What is she thinking?

不想听

内心 OS

吻我

What is she thinking?

不想看

内心 OS

继续哄我

What is she thinking?

走了就不要回来

内心 OS

你敢走试试

What is she thinking?

你真的很差劲

内心 OS

字面意思

What is she thinking?

你好讨厌哦

内心 OS

可是我喜欢

What is she thinking?

我今天喷了新的香水

内心 OS

你懂的

What is she thinking?

心情不是很好

内心 OS

再不哄我
你就会失去你的宝宝

What is she thinking?

好无聊

内心 OS

要亲亲要抱抱要举高高

What is she thinking?

你决定就可以了

内心 OS

你敢不问我意见就决定试试

What is she thinking?

我生气了

内心 OS

你哄我不一定有用
不哄我你就死定了

What is she thinking?

人家好像老了一点

内心 OS

快夸我永远十八岁

What is she thinking?

这个衣服好粉嫩
不太适合我呢

内心 OS

快说我在你心目中
就是个小公主

What is she thinking?

你为什么不理我

内心 OS

你是不是不爱我了

What is she thinking?

好久没一起看电影了

内心 OS

为什么不约我
是不是我不乖

What is she thinking?

我知道
可是我

内心 OS

道理我都懂
可是偏要作

What is she thinking?

我想静一静

内心 OS

不哄我是想要分手吗

What is she thinking?

我睡了（晚上九点）

内心 OS

烦死我了
哔哔个没完
还不快消失

What is she thinking?

我要睡了呢！（凌晨1点）

内心OS

舍不得

What is she thinking?

人家要去洗白白了哦

内心 OS

都暗示到这种程度了
你还不快行动

What is she thinking?

你吃饭了吗
听说 XX 路
开了一家新餐厅

内心 OS

一起吃个饭吧

What is she thinking?

好讨厌
不要说了啦
人家害羞

内心 OS

继续说不要停

What is she thinking?

雅蠛蝶

内心 OS

需要解释吗

What is she thinking?

今天不方便

内心 OS

来大姨妈了

What is she thinking?

昨晚做梦梦见你了

内心 OS

还不快约我

What is she thinking?

最近还好吗

内心 OS

我想和你见一面

What is she thinking?

我怎么可能为了这点事生气

内心 OS

我现在很火大
后果很严重

What is she thinking?

我是那种人么

内心 OS

我就是
所以你就等着承受我的怒火吧

What is she thinking?

你那么优秀
怎么会没有女朋友

内心 OS

我有个恋爱想找你谈一谈

What is she thinking?

我觉得我们不合适

内心 OS

别再浪费时间了

What is she thinking?

有本事你走呀

内心 OS

你敢走试试

What is she thinking?

你长得那么帅
喜欢你的一定很多吧

内心 OS

还不快说你只对我有感觉

What is she thinking?

我觉得你就蛮好的呢

内心 OS

都说到这地步了
还不快追我

What is she thinking?

我听说那个电影很好看

内心 OS

傻站着干啥呢
还不约我

What is she thinking?

这里好黑
我好怕

内心 OS

快来抱紧我

What is she thinking?

最近好无聊

内心 OS

要不要约着一起出去玩

What is she thinking?

我刚刚做了指甲
不是很好看

内心 OS

夸我

What is she thinking?

大姨妈好痛

内心 OS

要陪陪要亲亲要抱抱

What is she thinking?

不用麻烦了

内心 OS

你觉得呢？

What is she thinking?

你走吧
不用理我

内心 OS

真走我就呵呵

What is she thinking?

是不是快到情人节了

内心 OS

期待你的表现

What is she thinking?

这个口红还不错的样子
可是颜色好多好难挑

内心 OS

到你表现的时候了

What is she thinking?

也许

内心 OS

不行

What is she thinking?

随便
我才不会管你

内心 OS

你敢

What is she thinking?

算了
你忙吧

内心 OS

你觉得你忙的事儿重要
你就去吧
反正你也不介意换个女朋友

What is she thinking?

你爱我吗

内心 OS

说爱我就现在

What is she thinking?

好

内心 OS

不好

What is she thinking?

好～

内心 OS

嘻嘻
真的好棒哦

What is she thinking?

好的

内心 OS

我知道了
你可以走了

What is she thinking?

好呀

内心 OS

嘤嘤嘤
好开心

What is she thinking?

好吧

内心 OS

既然你这样说我也没办法

What is she thinking?

好的吧

内心 OS

真的没有办法改变了吗

What is she thinking?

好哒

内心 OS

心情萌萌哒

What is she thinking?

猴

内心 OS

我是个普通话不好的广东人

What is she thinking?

今天你点菜吧
我都随便

内心 OS

你敢随便试试

What is she thinking?

我上次买东西商家送了我一个套套

内心 OS

你懂的

What is she thinking?

电脑坏了
能帮我修一下吗

内心 OS

你懂的

What is she thinking?

好冷哦

内心 OS

要抱抱

What is she thinking?

好奇怪
为什么朋友们都觉得
我们是一对

内心 OS

你还不赶紧坐实这件事

What is she thinking?

手好冷

内心 OS

还不牵着我的手

What is she thinking?

太晚了
你开车回去可能会危险

内心 OS

话都说到这个份上
你懂的

What is she thinking?

好想喝酒哦
但是我很容易醉

内心 OS

所以这是个机会

What is she thinking?

不想跟你吵了
我睡了

内心 OS

请准备好“狗带”

What is she thinking?

哦
随便你

内心 OS

你为什么不听我的
凭什么不听我的
竟然不听我的

What is she thinking?

那好吧
不打扰你了

内心 OS

放下你手中的事
快来哄我
哄不好我就等着我炸吧

What is she thinking?

别跟我说话了

内心 OS

快哄我
就现在

What is she thinking?

那好吧
你继续玩游戏吧

内心 OS

听我一劝

NO ZUO NO DIE

What is she thinking?

挺好的
你去玩吧
不用陪我啦

内心 OS

你真去了我们就分手

What is she thinking?

再也不想看见你

内心 OS

现在
立刻
马上出现在我面前

What is she thinking?

你去找她呀

内心 OS

你找她试试

What is she thinking?

没关系
我没事

内心 OS

我有事
我有事
我有事

What is she thinking?

哼
我生气了

内心 OS

快来哄我小婊砸

What is she thinking?

我没有伤心

内心 OS

我有
还不快表示

What is she thinking?

我没有生气啊

内心 OS

我都要气炸了
你是不是眼瞎

What is she thinking?

还好吧
也不是特别想要

内心 OS

呵呵
你敢不买试试

What is she thinking?

嗯
我也觉得她挺好的

内心 OS

要眼睛有何用？

What is she thinking?

你也觉得她好看

内心 OS

看来你眼瞎

What is she thinking?

没事啊
你先跟她把话说完

内心 OS

等会我再收拾你

What is she thinking?

你怎么没有女朋友

内心 OS

看我怎么样?

What is she thinking?

你是不是要求太高了

内心 OS

你长点心照照镜子吧

What is she thinking?

我不在乎帅不帅

内心 OS

反正不是你

What is she thinking?

其实你也不矮

内心 OS

做人最重要的是开心

What is she thinking?

其实你不胖啊

内心 OS

别当真
我只是安慰一下你

What is she thinking?

还好吧
你如果没有痘痘
应该就帅

内心 OS

我建议你下个美图秀秀

What is she thinking?

你长得还好吧

内心 OS

**只是绝对不可能让人
一见钟情而已**

What is she thinking?

你猜

内心 OS

不好说
你问我就说了

What is she thinking?

我配不上你

内心 OS

你配不上我

What is she thinking?

我最近皮肤好差

内心 OS

赶紧夸我皮肤好的一比

What is she thinking?

你好瘦

内心 OS

别怪我没有提醒你

What is she thinking?

你好萌

内心 OS

你竟然比我还萌
少年，这是不对的

What is she thinking?

你怎么吃那么多还不胖

内心 OS

童话里都是骗人的

What is she thinking?

你走

内心 OS

你真敢走
试试

What is she thinking?

风好大

内心 OS

找个地方坐坐不行吗
我的发型都乱了

What is she thinking?

风好大呢

内心 OS

还不快抱着我献殷勤

What is she thinking?

你今天特别帅

内心 OS

你长得那么好看
你说什么都对

What is she thinking?

iPhone 出了新款啦

内心 OS

毫无疑问
你应该有所表示

What is she thinking?

我听说开了一家新店

内心 OS

赶紧带我去
越快越好

What is she thinking?

我特别喜欢你

内心 OS

关键还是看脸

What is she thinking?

宝宝
我好爱你哦

内心 OS

可能是想要买东西

What is she thinking?

嗯
心情不是很好

内心 OS

傻站着干啥
还不快来关心我

What is she thinking?

傻瓜

内心 OS

卖萌助词

What is she thinking?

考试考砸了

内心 OS

快安慰我
顺便带我去买买买

What is she thinking?

你去死

内心 OS

是时候做个了断了

What is she thinking?

撞衫了

内心 OS

一定是我比较美
没错
一定是这样

What is she thinking?

分手

内心 OS

只是想作一下

What is she thinking?

不行
我要分手

内心 OS

说什么都晚了

What is she thinking?

呵呵
我只想分手

内心 OS

真的没救了

What is she thinking?

呵

内心 OS

能不烦我嘛
真不爱跟你说话

What is she thinking?

你想多了
我根本就没有生气

内心 OS

呵呵
我要气炸了

What is she thinking?

你没错
错的是我

内心 OS

你且行且珍惜吧

What is she thinking?

我怎么了

内心 OS

我在生气
你看不出来吗？

What is she thinking?

我自己来

内心 OS

如果你愿意帮我就最好了

What is she thinking?

你怎么那么傻逼
哎
真拿你没办法

内心 OS

我喜欢你这个傻逼

What is she thinking?

傻逼

内心 OS

发自内心的

What is she thinking?

大傻逼

内心 OS

都说了那么明白了
你还在幻想什么

What is she thinking?

睡你麻痹起来嗨

内心 OS

再玩一会行不行

What is she thinking?

我也觉得我在痴心妄想

内心 OS

“人艰不拆”

What is she thinking?

听说你也没有谈恋爱

内心 OS

我们都单身
你有机会了

What is she thinking?

全靠猜

女　人　到　底　在　想　什　么？

他很呆板，完美错过各种暗示
她很可爱，她只是想要让你猜
和女神斗图？读懂她的潜台词
和男神聊天？加点表情有时候更可爱
撒娇女人最好命，婉转表达你的心

What is she thinking?

内心 OS

你猜我想要跟你说什么

What is she thinking?

内心 OS

搞事情?

What is she thinking?

内心 OS

无语
不想跟你说话

What is she thinking?

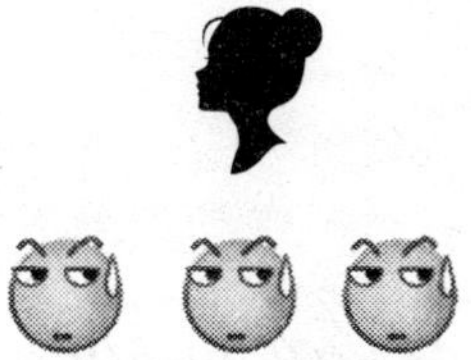

内心 OS

远离我的世界好吗

What is she thinking?

内心 OS

卖个萌而已啦

What is she thinking?

内心 OS

你猜今天什么节日

What is she thinking?

内心 OS

礼物准备好了吗

What is she thinking?

内心 OS

小哥哥
你怕不怕我

What is she thinking?

内心 OS

今晚等着瞧

What is she thinking?

内心 OS

人家好怕怕

What is she thinking?

内心 OS

看我可怜的眼神

What is she thinking?

内心 OS

再见
对你好失望

What is she thinking?

内心 OS

切

What is she thinking?

内心 OS

约吗

What is she thinking?

内心 OS

快来宠幸我

What is she thinking?

内心 OS

不开心
要抱抱

What is she thinking?

内心 OS

好难过
快来哄我

What is she thinking?

内心 OS

好无聊
快来撩我

What is she thinking?

内心 OS

你到底在干吗

What is she thinking?

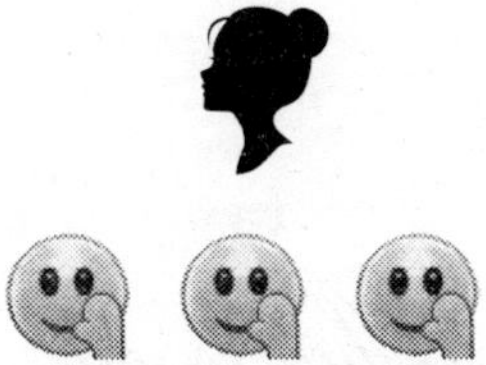

内心 OS

你为什么不理我
你是不是找死

What is she thinking?

内心 OS

你这种白痴
我都懒得理你

What is she thinking?

内心 OS

无语

What is she thinking?

内心 OS

呵呵

What is she thinking?

内心 OS

由衷地鄙视你

What is she thinking?

内心 OS

喜欢，想要

What is she thinking?

内心 OS

么么哒

What is she thinking?

内心 OS

卖萌
再不哄我
我就要生气了

What is she thinking?

内心 OS

你在干嘛
为什么不哄我
是不是在陪别的小婊砸

What is she thinking?

内心 OS

我心情很好哦

What is she thinking?

内心 OS

爱你么么哒

What is she thinking?

内心 OS

左手右手一个慢动作

What is she thinking?

内心 OS

手滑了

What is she thinking?

少女总有文艺心

女　人　到　底　在　想　什　么？

喜欢她的不一样？
像雾像雨又像风，就是不像普通女孩子
明明很想做朋友，却不知道如何开口
从爱豆聊到梦想，从星星聊到月亮
喜欢却不懂表达，靠近又害怕唐突
送上这本书，教他理解文艺少女的话中之话

What is she thinking?

今晚月色真美啊

内心 OS

快来陪我

What is she thinking?

这世上有成千上万种爱
但从来没有一种爱可以重来

内心 OS

你不珍惜我以后会后悔的

What is she thinking?

我特别喜欢张爱玲

内心 OS

快夸我有品位

What is she thinking?

有些人
交错后就转身

内心 OS

说你呢
还不赶紧过来撩我

What is she thinking?

长夏逝去
岁月静好

内心 OS

老娘从夏天等到了秋天
怎么还没有脱单

What is she thinking?

来我怀里
或者让我住进你的心里

内心 OS

小哥
约吗

What is she thinking?

总觉得很寂寞

内心 OS

为什么还没有人来追我?

What is she thinking?

总有一个人值得我等待

内心 OS

反正不是你

What is she thinking?

再也不相信任何人

内心 OS

我是个玻璃心
你要无条件服从我

What is she thinking?

再也不爱任何人
不是不会
而是不敢

内心 OS

我不爱你
你也要爱我

What is she thinking?

我受过伤
导致我现在这样

内心 OS

我很脆弱
我禁不起打击

What is she thinking?

他好像条狗啊

内心 OS

《大话西游》
是我最喜欢的电影了

What is she thinking?

你是我心脏的一部分

内心 OS

我爱你

What is she thinking?

昨夜你出现在了我的梦里

内心 OS

所以今天你可以约我了

What is she thinking?

我很开心
在我最好的时候遇到了你

内心 OS

趁我颜值巅峰
快娶了我

What is she thinking?

怎么办
我觉得我同时爱着两个人

内心 OS

我爱你的颜
也爱他的钱

What is she thinking?

幸福就像藏在
云层后的点点星光

内心 OS

最近心情不错

What is she thinking?

今天的风都是你的味道

内心 OS

我想你了

What is she thinking?

下雨了
淅淅沥沥的

内心 OS

心情不太好

What is she thinking?

我想象过未来的很多

内心 OS

你还不快跟我一起想

What is she thinking?

有时候觉得拿起手机
也是一种勇气
更别提给你发这条信息了

内心 OS

我很克制地在想撩你

What is she thinking?

外面的炎炎烈日总会让我不经意想起你

内心 OS

想你火辣的表现了

What is she thinking?

最近 GET 的画画的新技能可惜不太好

内心 OS

快夸我多才多艺

What is she thinking?

今天做了一个手工蛋糕
好看吗

内心 OS

要不要来我家吃蛋糕
顺便夸夸我

What is she thinking?

不曾停下
不能停下

内心 OS

要一直爱我

What is she thinking?

苦闷

内心 OS

哄我开心

What is she thinking?

从白天到黑夜

内心 OS

我失眠了

What is she thinking?

惊鸿已逝
迟暮莫归

内心 OS

就是装个逼而已

What is she thinking?

此去经年
幸福不远

内心 OS

别向这个操蛋的世界投降

What is she thinking?

谢谢你来听我的故事

内心 OS

我准备装逼了
做好准备了吗

What is she thinking?

你从不是我故事里的人

内心 OS

我不喜欢你

What is she thinking?

在你的荒日沼泽里一点点沦陷

内心 OS

我一点点的喜欢上你了

What is she thinking?

你看
我一直站在你看不到的地方

内心 OS

你就不能喜欢我一下吗

What is she thinking?

你都陪我看透了细水长流

内心 OS

能不能分手了

What is she thinking?

不是没有感动
只是不懂怎样表达

内心 OS

我知道你对我好

What is she thinking?

既不回头
何必不忘

内心 OS

既然我们都不准备和好
你还动不动撩个屁

What is she thinking?

既然无缘
何需誓言

内心 OS

别整这些虚的
要上上
要分分

What is she thinking?

今日种种
似水无痕

内心 OS

玩完就算了
别当真

What is she thinking?

明夕何夕
君已陌路

内心 OS

我们还是没有走到最后

What is she thinking?

你轻佻而冰冷的笑容
勾勒出寂寞的影子
让我沉迷

内心 OS

你很帅
我很喜欢

What is she thinking?

我有故事

内心 OS

你有酒吗?

What is she thinking?

既然怕黑
为什么不敢碰那盏灯？

内心 OS

喜欢我就快表白好吗

What is she thinking?

你不要走

内心 OS

别离开我

What is she thinking?

何其有幸，不曾有你
何其不幸，不曾有你

内心 OS

没有和你在一起
到底是走运还是不走运呢

What is she thinking?

喜欢你
如同一场盛大的幻觉

内心 OS

你到底喜不喜欢我
我一点安全感都没有了

What is she thinking?

我遇见风，遇见云
现在，我又遇见了你

内心 OS

我单身
快来追我呀

What is she thinking?

解铃还需系铃人

内心 OS

你搞的事儿自己解决

What is she thinking?

不愿想起你
因为你让我觉得从前以后
都是绝望

内心 OS

渣男你别缠着我了行吗

What is she thinking?

我所坚持的到底是什么

内心 OS

行不行一句话

What is she thinking?

去阅读，去学习

内心 OS

能不能分个手

What is she thinking?

不是我不愿宽恕
而是我没有宽恕的能力
我多希望再也看不到你

内心 OS

滚，行吗

What is she thinking?

狭路相逢
终不能幸免

内心 OS

缘分这事儿很难说
另外，我喜欢你

What is she thinking?

或许是场空

内心 OS

我没有安全感

What is she thinking?

我跳动的脉搏
此刻正被尖锐啃噬

内心 OS

我在打针
还要笑着跟人家护士姐姐
说谢谢

What is she thinking?

曾经沧海难为水
除却巫山不是云

内心 OS

你没戏

What is she thinking?

我觉得
你看我时很远
你看云时很近

内心 OS

你到底爱我还是爱静静

What is she thinking?

如果你认识从前的我
那么你就会原谅现在的我

内心 OS

别一天到晚说我变了

What is she thinking?

一厢情愿
愿赌服输

内心 OS

爱不起你了

What is she thinking?

唯独你最得我心意
也只有你最不识抬举

内心 OS

你不爱我我也认了

What is she thinking?

感谢当年不娶之恩

内心 OS

我当时是被猪油蒙了眼
才会看上你

What is she thinking?

我喜欢你是寂静的
仿佛你消失了一样

内心 OS

如果可以
请离我远一点

What is she thinking?

你再不来
我的心里就要下雪了

内心 OS

你敢迟到我就生气给你看

What is she thinking?

我亦只有一个一生
无法慷慨赠予我不爱的人

内心 OS

不想和你凑合

What is she thinking?

世上安得两全计
不负如来不负卿

内心 OS

我要找的人就是你了

What is she thinking?

我很想知道
当我的名字滑过你耳边
你脑海中会闪现些什么

内心 OS

快说你想我

What is she thinking?

外面下雨了
我家里的猫想你了

内心 OS

我想你了

What is she thinking?

我并不是单身
我只是在等人

内心 OS

你敢嘲笑我单身试试

What is she thinking?

从今往后
咱们只有死别
再无生离

内心 OS

你敢出轨试试

What is she thinking?

你没有如期归来
而这正是离别的意义

内心 OS

你竟然敢迟到
那么就承受分手的后果

What is she thinking?

其实全世界最幸福的童话
不过是一起度过
柴米油盐的岁月

内心 OS

向我求婚吧

What is she thinking?

原来爱一个人
由人由天
就是由不得自己

内心 OS

我控制不住体内的洪荒之力了

What is she thinking?

山有木兮木有枝
心悦君兮君不知

内心 OS

我喜欢你

What is she thinking?

我怕无人与我立黄昏
更怕无人问我粥可温

内心 OS

我单身
快来追我呀

What is she thinking?

就算世界荒芜
也总有一个人是你的信徒

内心 OS

我中意你

What is she thinking?

阳光温热岁月静好
你还不来
我怎敢老去

内心 OS

我等你等的花都谢了

What is she thinking?

绿茶 girl 鉴定手册

女　人　到　底　在　想　什　么？

她今天好像很美，她今天好像很无聊
她晒脸，晒包包，晒美食，就是不晒她的备胎
男朋友又被小婊砸套路
送他这本书
一秒钟教他鉴定朋友圈绿茶 girl
认出，真·女神

What is she thinking?

如果这时候
有一杯咖啡该多好

内心 OS

还不快点请我喝咖啡

What is she thinking?

下雨天
音乐和下午茶最配了

内心 OS

这次已经约到了
下次你们要赶早

What is she thinking?

新衣服到了
你们觉得好看吗

内心 OS

看我身材多好

What is she thinking?

哎呀
长了一个痘痘

内心 OS

我只是想要发自拍

What is she thinking?

面朝大海
春暖花开

内心 OS

刷存在感

What is she thinking?

今天和朋友出去玩
很开心

内心 OS

晒晒我的新备胎

What is she thinking?

有时候一个人真的很累

内心 OS

这是在给你们机会

What is she thinking?

好难过
今天才知道喜欢的男孩子
有女朋友了

内心 OS

我准备抢了

What is she thinking?

我不想伤害任何人

内心 OS

我已经伤害了很多人

What is she thinking?

我和他真的只是普通朋友

内心 OS

就是字面意思

What is she thinking?

从来没有人这么理解过我

内心 OS

今天聊过天的人
都快来对号入座吧

What is she thinking?

好喜欢这个包包
可是穷的吃土了

内心 OS

谁给我买一个

What is she thinking?

一不小心又吃了那么多
我快要胖死了啦

内心 OS

呵呵
老娘就秀一下自拍

What is she thinking?

我知道这样不好
但是我控制不住自己

内心 OS

有种来打我呀！

What is she thinking?

我好空虚好寂寞
男朋友要 LOL 不要我

内心 OS

所以闲着的男生快来找我聊天啊

What is she thinking?

你女朋友怎么管你那么严
如果是我
我肯定不会

内心 OS

快投入我的怀抱吧

What is she thinking?

我知道找你帮忙不太好
但是我没有其他的朋友了

内心 OS

你是我的备胎

What is she thinking?

不知道这么晚找你聊天
会不会打扰到你

内心 OS

小哥哥来搞暧昧吧

What is she thinking?

都是我的错
让你女朋友误会了
我跟她道歉解释吧

内心 OS

我都这样委屈了
你还没有发现我比她好吗
呵呵

What is she thinking?

我特别羡慕你的女朋友
不仅有你这样的男朋友
还有好多好哥们

内心 OS

你女朋友有很多备胎哦
嘻嘻

What is she thinking?

想出门散散心
去你那里可以吗

内心 OS

约不约

What is she thinking?

最近心情不太好

内心 OS

能不能陪陪我

What is she thinking?

在干嘛
我好无聊
陪陪我好吗

内心 OS

你的机会来了

What is she thinking?

昨天给你发短信不回
在陪你女朋友吧？
好羡慕你的女朋友

内心 OS

别怪我没给过你机会

What is she thinking?

我们只是普通朋友
你不要误会

内心 OS

我的备胎很多，
你只是其中一个

What is she thinking?

如果我有男朋友了
你是不是就不理我了

内心 OS

如果我有男朋友了
你也要对我这么好

What is she thinking?

你对我真好
比我男朋友对我还好

内心 OS

你有机会上位的

What is she thinking?

我对他已经没有爱情了
但是又不舍得分手

内心 OS

你可以追我了

What is she thinking?

你当我哥哥好不好

内心 OS

不想失去你
也不想失去整片森林

What is she thinking?

大家玩得那么开心
为什么一定要确定关系呢

内心 OS

确定关系后
那些备胎就不会都喜欢我了

What is she thinking?

我觉得

内心 OS

没有话题
但是又觉得可以聊
所以你自己脑补吧

What is she thinking?

也不知道为什么
就愿意跟你说那么多

内心 OS

我群发的别当真

What is she thinking?

哇
你的肌肉好棒
我能捏捏吗

内心 OS

我很垂怜你的身体

What is she thinking?

我这种女汉子注孤生了

内心 OS

听说你们都很喜欢女汉子？

What is she thinking?

一年后
如果你还喜欢我
我们就在一起

内心 OS

一年内你要对我好
继续喜欢我
送我礼物
陪我解闷

What is she thinking?

我知道你爱我
我只是不敢爱你

内心 OS

别做梦了
我怎么可能真的会跟你在一起

What is she thinking?

我不想和你在一起
因为我害怕分手的那一天

内心 OS

呵呵

我就是玩玩而已

What is she thinking?

我对你是有感觉的
但是你让我没有安全感

内心 OS

你没有他帅

What is she thinking?

你不要再跟我说这样的话了
我觉得很对不起你的女朋友

内心 OS

哎
魅力大很烦恼

What is she thinking?

我只是把他当哥哥
一样看待
你不要多想

内心 OS

你跟他都是备胎而已

What is she thinking?

女生都很作的
她也不是故意的
你别生你女朋友气啦

内心 OS

你还不如选我

What is she thinking?

哈哈
我觉得你女朋友挺好的啊
平胸很可爱呢

内心 OS

快看老娘的大胸

What is she thinking?

真麻烦
胸大穿衣服都很丑呢！

内心 OS

快看老娘的大胸

What is she thinking?

No 作 No Die

女　人　到　底　在　想　什　么？

被出局觉得莫名其妙？
明明被惹毛，男友还觉得自己小心眼
带他来看这本书，远离女生雷区
不！作！就不会死！！！
你们都要读的——真・悲惨・案例
别怪我没有提醒你们，千万不要做以下的事

What is she thinking?

女人说：

七夕我们一起
去看日出吧

男人回：

你疯了啊
七夕是情人节
我才不要出去受虐

你仿佛在逗我

What is she thinking?

女人说：

天好冷

我可以把手放到你的衣服里吗？

男人回：

你自己没有衣服吗

你仿佛在逗我

What is she thinking?

女人说：

可以把你的电话给我吗

男人回：

别逗了
才买的
贵着呢

你仿佛在逗我

What is she thinking?

女人说：

有一个爱情片上映了
我们去看电影吧

男人回：

不去
看爱情片的都是情侣
我不想受伤害

你仿佛在逗我

What is she thinking?

女人说：

今天那么冷
不然不回去了吧

男人回：

不行
晚上要查寝的

你仿佛在逗我

What is she thinking?

女人说：

我们去隔壁的酒店开个房
睡觉吧

男人回：

你赶紧走吧
跟你一起排都五连跪了

你仿佛在逗我

What is she thinking?

女人说：

我梦见你成为我的男朋友了

男人回：

梦和现实是相反的

你仿佛在逗我

What is she thinking?

女人说：

我在酒店开了个房
你要不要来玩

男人回：

不了
酒店的电脑一点都不好
影响我操作

你仿佛在逗我

What is she thinking?

女人说：

今天我妈妈不在家

男人回：

哦
你要自己做饭了
好可怜

你仿佛在逗我

What is she thinking?

女人说：

好冷呢

不如我们找个地方坐坐吧

男人回：

跑跑就不冷了

你仿佛在逗我

What is she thinking?

女人说：

我好烦

咱们班都以为咱们在谈恋爱呢

男人回：

别烦了

身正不怕影子斜

你仿佛在逗我

What is she thinking?

女人说：

我喜欢你

男人回：

我早就不玩真心话大冒险了

你仿佛在逗我

What is she thinking?

女人说：

手好凉

男人回：

别想着冰我
我怕冷

你仿佛在逗我

What is she thinking?

女人说：

陪我说说话好不好
我一个人好无聊

男人回：

等下
我这正在拆塔呢

你仿佛在逗我

What is she thinking?

女人说：

要不要上去坐坐
今天室友不在

男人回：

不用了
我还得赶回去写作业呢

你仿佛在逗我

What is she thinking?

女人说：

你养我吧

男人回：

养不起
你吃的那么多

你仿佛在逗我

What is she thinking?

女人说：

想不想要尝尝我唇膏的味道

男人回：

别开玩笑了
唇膏那玩意能吃吗

你仿佛在逗我

What is she thinking?

女人说：

如果我输了
你可以在我身上任何部位画小乌龟

男人回：

不玩
我都不会画乌龟
赢了也没意思

你仿佛在逗我

What is she thinking?

女人说：

今晚我们去看电影
记得带身份证

男人回：

看电影根本不用带身份证
你这个土鳖
一看就知道没看过电影吧
哈哈哈哈哈哈哈哈哈哈

你仿佛在逗我

What is she thinking?

女人说：

好可惜
只有一间房了
要不然

男人回：

那咱们还在这里干嘛
赶紧换一个酒店
一间房怎么睡

你仿佛在逗我

What is she thinking?

女人说：

这是给你的情书

男人回：

给我干嘛
给老师啊
收到这种东西要马上给老师

你仿佛在逗我

What is she thinking?

女人说：

空调坏了
能和你睡一间吗

男人回：

睡一间怎么行
你睡我的房间
我不怕冷
我去你那屋

你仿佛在逗我

What is she thinking?

女人说：

我家的灯坏了
一个人在家

男人回：

叫你别买这种劣质品了
坏了吧
哈哈哈

你仿佛在逗我

What is she thinking?

女生有什么缺点

女　人　到　底　在　想　什　么？

字面意思，翻开阅读即可

What is she thinking?

我们女生能有什么缺点？我们是完美的。

谢谢观看

WHAT IS SHE THINKING ?

女人到底在想什么？

编著

慕容炒肉

总策划

朱家君

选题策划

熊 嵩

执行策划

杨涵玉

责任编辑

尹 旋

封面设计

李雅静

宣传营销

郭海洋

运营发行

常蓦尘

出版社

长江出版社

总出品

漫娱文化

平台支持

小说馆 脑洞W

图书在版编目（CIP）数据

女人到底在想什么 / 慕容炒肉编著 .

—武汉：长江出版社，2017.1

ISBN 978-7-5492-3941-2

Ⅰ. ①女… Ⅱ. ①慕… Ⅲ. ①女性心理学 – 通俗读物 Ⅳ. ① B844.5-49

中国版本图书馆 CIP 数据核字（2017）第 018123 号

女人到底在想什么／ 慕容炒肉 编著

出　　版 长江出版社
（武汉市解放大道 1863 号 邮政编码：430010）

出　　品 漫娱文化
（湖北省武汉市积玉桥万达写字楼 11 号楼 19 层 邮政编码：430060）

出 版 人 赵 冕

选题策划 漫娱文化图书

市场发行 长江出版社发行部

网　　址 http://www.cjpress.com.cn

责任编辑 张艳艳

装帧设计 李雅静

印　　刷 湖北恒泰印务有限公司

版　　次 2017 年 1 月第 1 版

印　　次 2017 年 3 月第 1 次印刷

开　　本 780mm × 1250mm 特规 1 / 32

印　　张 22

书　　号 ISBN 978-7-5492-3941-2

定　　价 35.00 元

电话：027-82926557(总编室） 027-82926806（市场营销部）